赛尔号 古怪小百科

上海淘米网络科技有限公司◎著

古怪天才◎改编

6

第2辑

世界上真有美人鱼吗？

北方妇女儿童出版社

·长 春·

人类生活在地球上，离不开美丽又多姿多彩的自然界。失去了自然界，世界会变成什么样呢？哦，那真的太可怕了！失去了植物，我们就看不到美丽的花朵，品尝不到美味的果实，连呼吸所需要的氧气也会越来越少；失去了动物，许多植物就无法授粉繁殖，最终只能灭绝。在这样的地球上，人类又能存活多久呢？

自然界中的植物与动物，不仅为地球带来了生命，满足人类的生命所需，同时也点缀了这个世界，让世界显得更加美妙。会捕虫的猪笼草、一碰就会发出香味的碰碰香、只在夜里绽放的昙花、会"走路"的爬山虎、会说话的鹦鹉、能倒着飞的蜂鸟、懒惰成性的蜂猴、能"怀"宝宝的海马爸爸……

瞧，自然界多么有趣！它是那样不可思议，又如此令人着迷，让我们忍不住想了解更多。既然如此，那就赶快翻开这套《赛尔号古怪小百科》，更深入地了解神秘的动植物世界，探索神奇的大自然，寻找我们想知道的答案吧！

目　录

终于可以见到大熊猫了。

大熊猫，就是那个吃竹子的家伙？

我们也要去。

大熊猫又没有邀请你们。

笑话，我们想去就去！

大熊猫可是吃素的。

没见识，它也吃肉的！

什么？！

就说你们无知吧！

小息咱们快走，懒得和他们说话，毁我智商。

忍无可忍。

你想动手？来啊！

阿铁打，你真的想好了？他们可不弱哦！

如果大熊猫不吃竹子，会怎样？

　　憨态可掬的大熊猫被誉为我国的国宝，人们都知道它爱吃竹子。在动物园里，大熊猫吃竹子的模样特别招人喜爱。可小朋友们有没有想过，如果大熊猫不吃竹子，会怎样呢？

大熊猫也吃肉

其实，大熊猫是一种肉食性动物，但捕猎需要消耗大量的能量，而且它们所生活的环境很少有动物和动物尸体供它们猎食，所以吃肉对它们来说十分奢侈。而它们生活的地方有许多竹子，吃竹子或竹笋就完全不用担心饿肚子啦。假如不吃竹子，它们很可能会被饿死呢！

黑白衣服

大熊猫长得十分有特点，身体为黑白色，还长着黑黑的大眼圈。可大家知道吗，刚出生的熊猫宝宝是粉嘟嘟的，全身长着柔和的白毛。大约要过一个星期，它们的耳朵、眼眶、四肢和肩带才逐渐变得跟妈妈一样，长出黑色的毛。

他们怎么了？

晕倒！

我好像要晕倒……哦……哦哦……

一定是遇到森林之王，吓晕过去了。

怎么回事？

谁是森林之王？

难道是东北虎？

东北虎为什么是现今世界上最大的猫科动物?

在我国的东北部、朝鲜与俄罗斯西伯利亚地区，生活着一种感官敏锐、行动迅猛的大型动物，它们被称为"现今世界上最大的猫科动物"，令人望而生畏。可人们为什么送给它这个称号呢?

最大的猫科动物

野生成年雄性东北虎体长 3～3.8 米，体重 600 斤左右；成年雌性东北虎体长约 1.8 米，体重 480 斤左右。也就是说，如果东北虎能直立行走的话，雌性东北虎差不多和姚明一样高；而雄性东北虎差不多有两个姚明那么高。

随季节变化毛色

东北虎每年都要换装，夏天的时候，它们的毛短而颜色深；可到了冬天，它们的毛就变得长而颜色淡。毛长可以保暖，抵御低至零下 45℃的低温；颜色变成较浅的淡黄色，是为了更好地融入雪地环境，不易被发现。

"四不像"到底像什么?

麋鹿在我国具有传奇色彩,经常与神话传说联系在一起。很少人见过它的真面目,但听说过它的人都叫它"四不像"。那么,人们为什么要称它们为"四不像"呢?

"四不像" 其实是 "四像"

人们一直说麋鹿是四不像，指的是它不像牛、不像马、不像驴，又不像鹿，可其实它与这些动物都有些相似之处。瞧，它的头像马、角像鹿、尾巴像驴、蹄子像牛，可不就是"四像"吗？不过，偏是这"四像"结合起来，反而使得它看起来谁都不像，反而成了"四不像"。

一度在中国绝迹

麋鹿的故乡在中国，可1900年八国联军攻入北京后，麋鹿被劫杀一空，在中国本土灭绝。直到1985年，伦敦的动物园向中国无偿赠送22头麋鹿，麋鹿才终于在中国繁殖并形成种群。到2012年，中国已经有2000多头麋鹿。

老大，他们说梅花鹿比你美！是真的吗？

胡说！胡……说！

我是全宇宙最美的！

它的梅花衣是很好的伪装，不容易找。

梅花鹿到底躲在哪里啊？

太阳出来了。

梅花鹿如果不穿"梅花衣"，会怎样？

梅花鹿是一种十分美丽的哺乳动物。每当夏季到来，梅花鹿身上就会遍布鲜明的白色梅花斑点，远远望去，就好像一朵朵小白梅落在了棕黄色的绒布上，它们也因此得名。那么，梅花鹿为什么要穿这么一身"梅花衣"呢，如果不穿，会怎么样呢？

"梅花衣"自有妙用

在夏季，梅花鹿棕栗色的毛和林地里的落叶层及树干的颜色很相似，而白色斑点则与透过枝叶照射到地面上的光斑极为接近。如果它们不动，就很难被捕猎者发现。假如没有这身"梅花衣"，它们的处境会危险很多。而到了冬春季节，它们的毛色转为褐色，与周围环境融为一体，从而保护它们。

爱吃盐的家伙

大家在看纪录片的时候，经常看到梅花鹿在烂泥地里或水源边上不停地伸舌头舔舐着，你一定以为它这是在喝水吧？其实它们是在舔舐盐霜，这种盐含有各种常量和微量的元素，可以补充身体所需。所以，它们一定要生活在水源和盐碱地附近。

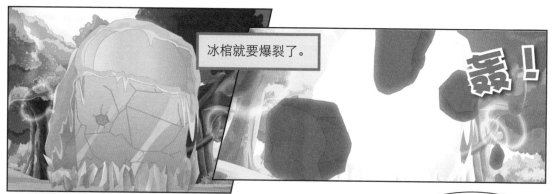

冰棺就要爆裂了。

轰！

啊……我还不想死啊！

小息，咱们还没死！你看前面那是什么？

啊？没死！哈哈！是什么？

是白唇鹿的脚印。

白唇鹿？还有白色嘴唇的鹿啊？没见过。

白唇鹿的嘴唇真是白色的吗？

　　我国青海、甘肃及四川西部、西藏东部的高寒地区大气含氧量很低，是名副其实的"生命禁区"。可在这里，却生活着一种名为"白唇鹿"的动物，它们丝毫不畏惧这里的恶劣环境。可它们为什么被称为白唇鹿呢，难道它们的嘴唇真是白色的吗？

鼻子以下是白色的

其实，白唇鹿之所以被称为"白唇鹿"，是因为它们的鼻端周围以及下颌处的毛是白色的。远远看去，其鼻子底下都是白花花的一片，就好像整个嘴唇都是白色的一般。

白唇鹿和黄鹿

白唇鹿和黄鹿，它们有什么关系吗？哈哈，你一定想不到吧，黄鹿其实就是白唇鹿。在冬天，白唇鹿的体毛是暗褐色的，带有淡栗色的小斑点；可是到了夏天，白唇鹿的体毛又变成黄褐色，而肚子上的毛则是浅黄色的，所以又被称为"黄鹿"。

羚牛是牛还是羊？

　　羚牛高大雄壮，身躯结实，长着尖尖的角，看起来有些像牛，又有些像羊。那它们到底是牛还是羊呢？如果说它们是羊，那它们似乎太壮硕了；如果说它们是牛，可它们怎么又长着羚羊一般的脑袋呢？真是太奇怪了！

名叫牛，其实是羊

羊牛虽然体壮如牛，可其实它们并不是牛，而是牛科羊亚科动物，所以准确来说它们是羊。你瞧，它那头小尾短的样子，不就是羊的明显特征吗？而且它们的叫声也跟羊很像。

老了就变黄

在我国，羊牛主要生活在西南的高山悬崖地带，全身披着雪白的长毛，常被称为"白羊"。可当它们老了，毛色就会慢慢变成金黄色，也因为它们长了一对扭曲的角，所以又被称为"扭角羚"。

我……没……没有骗你!

哇啊!

哎呀!

是你在说我的兄弟野牦牛?

那你应该知道它的秘密武器吧。

你说的该不会是它的舌头吧!

野牦牛是你兄弟?

如果野牦牛没有肉齿，会怎样？

在我国的青藏高原上，有一种特有的牛种，没错，它就是野牦牛。野牦牛生活在高寒地区，却一点儿都不怕被冻着，也不怕被饿着，它们的长毛和长着肉齿的舌头可以为它们解决"温饱问题"。舌头长着肉齿？是不是很奇怪？如果没有这些肉齿，野牦牛会怎样？

多刺的舌头

在夏天，野牦牛用利齿啃咬柔软的青草：在冬天，它们就用舌头舔食又硬又刺嘴的草。它们的舌头上长着一层肉齿，可以轻松舔食又硬又刺嘴的针茅、苔草、莎草，蒿草等高山植物。所以即使在食物稀缺的高原上，它们也不会被饿着。

睡冰卧雪

野牦牛非常耐寒，因为它们长着一身黑褐色的皮肤，肚子和腿上有一层浓密的长毛，特别是它肚子上的毛，几乎垂到了地面，就好像一件遮风挡雨的蓑衣，非常保暖。所以，睡冰卧雪对野耗牛来说，完全不是问题。

还我的金丝猴。

我们没拐走你的金丝猴啊！

那是一只白猴。

哎哟！

疼……

这群笨蛋，金丝猴也有白色的。

你说什么？

老大，他说……

他说……

你们闭嘴！

我说金丝猴不都是金黄色的，你逮的那只……

在哪儿？

告诉你也可以，麻烦帮我们解开。

金丝猴全身长着金色的毛吗?

在我国的四川省、贵州省和云南省的一些森林里,住着一群非常可爱的小家伙,它们便是大名鼎鼎的金丝猴。它们为什么被称为"金丝猴",难道它们全身长着金毛?

金毛辨品种

我国主要有三个金丝猴的品种，根据生活区域的不同，它们分别被称为川金丝猴、黔金丝猴和滇金丝猴。其中，只有川金丝猴浑身都是金黄色的；黔金丝猴的颈下、腋部及上肢内侧是金黄色的，背部大部分为灰褐，幼时通体银灰色；滇金丝猴的体毛则以灰黑白色为主。

轻功了得

看过《西游记》吗，孙悟空的"筋斗云"很厉害吧，一个筋斗就是十万八千里。其实，川金丝猴的"轻功"也很不错。它们四肢灵活，擅于攀缘和跳跃，在树枝间轻轻一跳，就可飞跃4米左右。当两树间距离较大时，它们可以在空中"飞腾"近10米，所以又有"飞猴"之称。

帕罗狄亚对纳斯琪大打出手。

啊！

老大！

我看，我们还是交出蜂猴吧！

这样才乖嘛！

帕罗狄亚大人。

这就是他们喂蜂猴吃的毒果子。

蜂猴到底有多懒？

你知道蜂猴吗？它们是一种生活在热带雨林及亚热带季雨林中的个头儿极小的猴子，在我国的云南和广西南部可以见到。据说，它们特别懒，所以又被称为"懒猴"。那么，它们到底有多懒呢？

一步 12 秒

蜂猴常年生活在树上，极少下地活动。有人观察到，它们挪动一步竟然要花 12 秒钟的时间，只有受到攻击时才稍微加快点儿动作。因为怕光，它们白天都躲在树洞里睡觉，到了晚上才去觅食。

永远长不大

蜂猴之所以被称为"蜂猴"，是有道理的：它们的体长不过 38 厘米，重量不到 1.5 千克，十分迷你。蜂猴虽然个头儿小，可眼睛却十分大，当它滴溜溜地转着大眼睛时，别提多可爱了。

这冰棺还挺像水晶宫。

水晶宫？哈哈！你们倒是挺想得开啊！

这个水晶宫里可没有美人鱼。

看我不把它破开。

啊叮！

冰棺坚硬无比，丝毫没有受损。

再试试。

美人鱼真的存在吗?

　　传说,在美丽的莱茵河畔,每到天色昏暗不明的时候,美人鱼就会出现。美人鱼用她那美艳的外表和哀怨动人的歌声迷惑过往的船夫,使他们迷失航路,最后沉入河底。美人鱼难道真的只是一个传说,在现实生活中并不存在吗?

美丽的误会

其实，在西太平洋及印度洋水生植物丰沛的区域，就存在着美人鱼——儒艮。儒艮在水里平均每15分钟就要换一次气，因雌性儒艮有怀抱幼崽于水面哺乳的习惯；又因为它的尾部长得跟鱼尾很像，所以，人们就称它为美人鱼。

睡美人

儒艮是慢性子，行动非常缓慢，脾气也很好，可就是精力差了些，整天昏昏沉沉的，多数时候呈昏睡状态。另外，它们很怕冷，不会靠近水温低于15℃的海区，否则就容易染病死去。

你们小小年纪，竟然知道朱鹮？

嘿嘿！我们对中国文化还是很有兴趣的！

那你们说说，为什么喜欢朱鹮？

说不上来就是骗人！

别急别急。

小息，你真的知道朱鹮是什么吗？

朱鹮为什么会变丑?

2000 年，中国邮政发行了《国家重点保护野生动物（Ⅰ级）》邮票，其中第一枚就是朱鹮。在邮票的画面中，一只朱鹮潇洒地低飞，掠过碧绿的水田，姿态十分优美。可你知道吗，它们其实也有丑的时候。

丑外套

　　春天一到，朱鹮爸爸和妈妈的头部、颈部甚至肩部就会分泌出一种黑色的小颗粒，它们会用自己的长嘴巴把这些小颗粒涂到头部、颈部、上背和两翅上，把自己染成灰黑色的。就这样，它们给自己换上了丑外套，等繁殖期一过，它们才会逐渐恢复靓丽的身姿。

辛苦的爸爸和妈妈

　　朱鹮宝宝刚出生时，朱鹮爸爸妈妈每天会往外跑7～9次，给宝宝们找吃的。到了后期，它们每天要出去14～15次。不仅如此，喂完宝宝后，它们还要清理巢中的粪便，十分辛苦。它们对宝宝无微不至的照顾跟人类很相似。

我不相信……

帕罗狄亚一怒之下
轰倒了大片树林。

他怎么了？

我猜是他的兄弟
金雕被抓了。快
跑，免得遭殃。

金雕？

就是谁也驯服不了的金雕？

就是它！

我知道，不过你们要帮我找到它。

呀呀！

我……我们……没见过什么金雕啊……

阿铁打会佩服谁啊！哈哈！

金雕可是我最佩服的动物！

如果金雕被关在笼子里，会怎样？

金雕是一种大型猛禽，块头又大又健硕，还有一对儿人见人怕的大翅膀，普通动物都不敢招惹它们。至于人类，想要驯服金雕也是不可能的，因为它们太桀骜不驯了。你猜，要是有人强行把它们关在笼子里，会怎样？

宁死不屈

　　把金雕关在笼子里，以为这样就会驯服它们吗？那也太小看它们了。金雕向往自由，要是逼急了，它们干脆直接撞笼子，宁死也不屈服。所以，世界上没有哪一家动物园里有人工繁殖的金雕。

有力的翅膀

　　人们都以为金雕的利爪最厉害，其实许多动物更害怕它们的翅膀。通常情况下，金雕只需要轻轻扇动一下翅膀，就能将一头中大型的猎物扇倒在地。最后是死还是伤，就得看猎物的运气了。

你们没听到什么声音吗？

谁在笑？

像是一只大鸟。

笨蛋，那是大鸨。

大鸨？它在向我们发起进攻。

纳斯琪他们一起反攻！

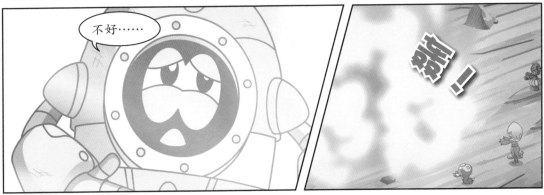

大鸨大叫 "哈哈" 是在打招呼吗?

在广阔的平原或草原上，常常可以见到大鸨掠过天空，听到它 "哈哈" 的叫声。那叫声听上去像是开怀大笑，又好像是在吼叫。它是不是在笑着和我们打招呼呢?

吓退敌人

原来，大鸨只有在遇到危险的时候才会发出"哈哈"的喘气声，它的目的是想吓退来犯者。如果敌人没有后退，聪明的大鸨就会立即飞走，不会给敌人进攻的机会。

雄雌大不同

大鸨是当今世界上最大的飞行鸟类之一，但是雄鸟与雌鸟的体形却差别很大。大鸨雄鸟两翼展开可达 2 米以上，而雌鸟的体长不足 50 厘米。因为雄鸟的颊、喉及嘴角处长着细长的白色羽簇，看上去像胡须，所以又被称为羊须鸨。反观雌鸟，就没有这撮胡须，因此被叫作石鸨。

小息，刚才你看到什么了？

一只扬子鳄。

卡璐璐被吃了吗？

当然没有！想什么呢！

老大，扬子鳄的尾巴很厉害。

我可不怕！

老大！你看，他们在前面！

哈哈！

你们都小心点！

扬子鳄不就是土龙吗？没什么好怕的！

嘿！你们往这儿看……

看招！

你们砸的是什么？

秘密武器。

黏死了，什么鬼东西。

如果没有尾巴，扬子鳄会怎样？

扬子鳄的样子很符合古代人对龙的想象，因此它又被称为"土龙"或"猪婆龙"。既然被称为"龙"，那它们一定有什么了不起的本事吧？事实上，它们最突出的就是那条既像锤子，又像鞭子的尾巴。如果扬子鳄没有了这条强大的尾巴，它还能"神龙摆尾"吗？

不可或缺的尾巴

尾巴不仅是扬子鳄进行自卫和攻击敌人的有力武器，还是它们在水中顺利行进的保障，摆动尾巴可以有效推动其身体前进。如果失去了尾巴，那许多动物都敢来欺负它们了，而它们没办法还击，也跑不掉，一定很可怜。

会打洞

扬子鳄具有高超的挖洞本领，它的头、尾和利爪都是打洞的好工具。它的洞穴常有几个洞口，有的在岸边、滩地、水草丛生处，有的在池沼底部，上通地面，还有各种跟水位相适的侧洞口。洞穴内部纵横交错，如一座地下迷宫，帮助它们避开强敌，度过严寒。

无敌飞腿！

弱爆了。

阿铁打！你……你还好吧？

我没事！快跑！

哼！一个也别想跑！

看招。

鳄蜥是鳄鱼还是蜥蜴？

有一种外形很像扬子鳄的古老爬行动物，名叫鳄蜥。难道鳄蜥也是一种鳄鱼吗？可为什么它们的名字又好像告诉人们，它不过是蜥蜴而已。那么，鳄蜥到底是鳄鱼，还是蜥蜴呢？

真蜥蜴，假鳄鱼

鳄蜥的头部和体形与蜥蜴非常相似，在其颈部以下，特别是侧扁的尾巴像极了扬子鳄，所以得名"鳄蜥"。实际上，鳄蜥与蜥蜴都属于蜥蜴目的动物，而鳄鱼属于鳄鱼目，所以鳄蜥算得上是真蜥蜴、假鳄鱼，而且它们的生活习性也很不一样。

一步三摇

鳄蜥出去觅食的时候，总是一步三摇，晃晃荡荡，一副大老爷的模样。可是，我们无须为它担心，一旦发现危险，它会立刻恢复警戒状态，拔腿开溜。

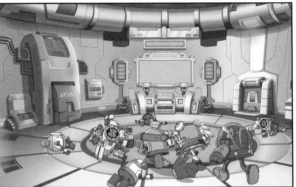

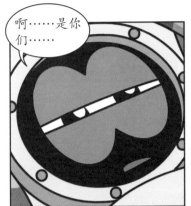

啊……是你们……

大家这是怎么回事？怎么都晕倒了？

我们吃的鱼汤里有玳瑁。

它不是有一层硬壳吗？你们怎么……

哎……说来话长。

那就慢慢说。

如果玳瑁没有坚硬的甲壳，会怎样？

玳瑁是海洋中较大而凶猛的肉食性动物，但这个海中一霸也吃海藻，经常在珊瑚礁中游来游去，看上去十分悠闲。虽然海里有许多危险的庞然大物，但是它一点儿也不害怕，这是因为它有一层坚硬的甲壳作为保护。如果没有了这层保护，它会怎样呢？

强大的保护伞

　　玳瑁的甲壳非常坚固，一般动物的牙齿根本咬不动，所以很少动物会主动攻击玳瑁。如果没有这个强大的保护伞，它们的日子可就要艰难多啦。另外，玳瑁也吃有毒的刺胞生物，因此它们的体内也积聚着毒素，这就使鲨鱼等天敌不敢轻易进犯。

玳瑁的食物

　　玳瑁最主要的食物是海绵，除了海绵，它们还喜欢享用海藻、水母、海葵等。偶尔，他们也尝尝虾蟹和贝类。

好想看看当年"鹦鹉螺号"的雄风。

阿铁打，你怎么知道"鹦鹉螺号"？

它可是大名鼎鼎！知道也不奇怪啊！

博士你专心点儿。

知道啦！知道啦！

"鹦鹉螺号"见不到，鹦鹉螺总可以吧。

如果鹦鹉螺没有外壳，会怎样？

鹦鹉螺的外壳五彩斑斓，一下子就能让人联想起鹦鹉绚丽的羽翼，因此就有了这个名字。然而，这个外壳仅仅是个漂亮的装饰吗？它是否还有其他的作用呢？如果没有这层壳，鹦鹉螺会怎样呢？

宫殿般的住所

鹦鹉螺是软体动物，它一出生就为自己建造了一座豪华的宫殿，那就是它那构造别致的螺形贝壳。没有这层壳，它就活不了啦。那么，这座宫殿到底有多少个房间呢？说出来你也许不相信，整整30个房间。然而，它并不是一天住一间，而是一直住在其中最大的那一间。

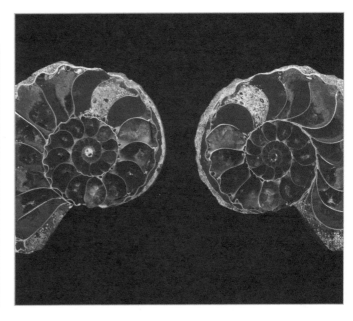

潜艇"鹦鹉螺号"

鹦鹉螺的螺旋形构造启发了人类建造潜艇的构想。据此，世界上第一艘蓄电池潜艇和第一艘核潜艇诞生了，它也因此被命名为"鹦鹉螺号"。

图书在版编目（CIP）数据

世界上真有美人鱼吗？ / 上海淘米网络科技有限公司著 ; 古怪天才改编 . -- 长春 : 北方妇女儿童出版社，2016.8
（赛尔号古怪小百科 . 第 2 辑）
ISBN 978-7-5585-0006-0

Ⅰ . ①世… Ⅱ . ①上… ②古… Ⅲ . ①水生动物—海洋生物—少儿读物 Ⅳ . ① Q958.885.3-49

中国版本图书馆 CIP 数据核字 (2016) 第 164162 号

赛尔号古怪小百科·第 2 辑　世界上真有美人鱼吗？

SAI'ERHAO GUGUAI XIAO BAIKE DI ER JI　SHIJIESHANG ZHENYOU MEIRENYU MA

出 版 人	刘　刚	
策 划 人	师晓晖　何勇斌	
责任编辑	刘聪聪	
改　　编	古怪天才	
开　　本	880mm×1230mm　1/24	
印　　张	3	
字　　数	50 千字	
版　　次	2016 年 8 月第 1 版	
印　　次	2016 年 8 月第 1 次印刷	
印　　刷	北京富达印务有限公司	
出　　版	北方妇女儿童出版社	
发　　行	北方妇女儿童出版社	
地　　址	长春市人民大街 4646 号	邮　编：130021
电　　话	编辑部：0431-86037512	发行部：0431-85640624

定　　价　　14.80 元